河南省工程建设标

U0265752

免拆复合保温模板(FS)应用技术规程

Technical specification for application of free removed formwork composed of composite thermal insulation board(FS)

DBJ41/T146—2015

主编单位:河南省建筑科学研究院有限公司
批准单位:河南省住房和城乡建设厅
施行日期:2015 年 3 月 1 日

黄河水利出版社

2015　郑州

图书在版编目(CIP)数据

免拆复合保温模板(FS)应用技术规程/河南省建筑科学研究院有限公司主编. —郑州:黄河水利出版社,2015.3

ISBN 978 - 7 - 5509 - 1045 - 4

Ⅰ.①免⋯ Ⅱ.①河⋯ Ⅲ.①复合板 - 保温板 - 技术规范 - 河南省 Ⅳ.①TU55 - 65

中国版本图书馆 CIP 数据核字(2015)第 059356 号

出 版 社:黄河水利出版社
　　　　　地址:河南省郑州市顺河路黄委会综合楼 14 层　邮政编码:450003
发行单位:黄河水利出版社
　　　　　发行部电话:0371 - 66026940、66020550、66028024、66022620(传真)
　　　　　E-mail:hhslcbs@126.com
承印单位:河南省瑞光印务股份有限公司
开本:850 mm × 1 168 mm　1/32
印张:1.5
字数:38 千字　　　　　　　　　　　印数:1—3 000
版次:2015 年 3 月第 1 版　　　　　　印次:2015 年 3 月第 1 次印刷

定价:19.00 元

河南省住房和城乡建设厅文件

豫建设标〔2015〕9号

河南省住房和城乡建设厅关于发布河南省工程建设标准《免拆复合保温模板（FS）应用技术规程》的通知

各省辖市、省直管县（市）住房城乡建设局（委），郑州航空港经济综合实验区市政建设环保局，各有关单位：

由河南省建筑科学研究院有限公司主编的《免拆复合保温模板（FS）应用技术规程》已通过评审，现批准为我省工程建设地方标准，编号为 DBJ41/T146—2015，自 2015 年 3 月 1 日在我省施行。

此标准由河南省住房和城乡建设厅负责管理，技术解释由河南省建筑科学研究院有限公司负责。

河南省住房和城乡建设厅

2015 年 1 月 9 日

前　言

为规范免拆复合保温模板(FS)的设计、施工与验收,确保工程质量和安全,根据河南省住房和城乡建设厅《关于印发〈2014 年度河南省工程建设标准和标准设计第一批编制计划〉的通知》(豫建设标〔2014〕10 号)的要求,编制本规程。在本规程编制过程中,编制组认真总结工程经验,深入调查研究。通过试验研究,本规程在广泛征求意见的基础上,反复讨论、修改和完善,经河南省住房和城乡建设厅组织有关专家评审通过后,报住房和城乡建设部备案,由河南省住房和城乡建设厅批准并发布实施。

本规程的主要技术内容包括:1. 总则;2. 术语;3. 基本规定;4. 材料;5. 设计;6. 施工;7. 验收。

本规程由河南省住房和城乡建设厅负责管理,由河南省建筑科学研究院有限公司负责具体技术内容的解释。

各地区在本规程执行过程中,如发现需要修改和补充之处,请将意见和有关建议及时函告河南省建筑科学研究院有限公司(郑州市丰乐路 4 号,邮编 450053,联系电话:0371 - 63837230,邮箱:hxttian@ vip. sina. com)。

本 规 程 主 编 单 位:河南省建筑科学研究院有限公司

本 规 程 参 编 单 位:山东春天建材科技有限公司

新乡市英姿建材有限公司

河南省德嘉丽科技开发有限公司

本规程主要起草人:黄晓天　李建民　王春山　李明献

肖理中　董巨威　史民杰　陈永良

张　顼　徐　博　李　宁　邹　琳

杜　沛　曲礼英　刘　娜　张　焱

　　　　　　　　王明忠　　职玲敏　　彭　超　　刘　牧
　　　　　　　　张培霖　　吴文保　　李金建　　朱鸿飞
　　　　　　　　杜　潇　　范金周　　李志民　　盆汉委
本 规 程 审 查 人 员：胡伦坚　　鲁性旭　　张丽萍　　王　斌
　　　　　　　　韩　阳　　季三荣　　张　维　　林郁萍

目　　次

1 总 则

1.0.1 为规范免拆复合保温模板(FS)的设计、施工及验收,做到技术先进、经济合理、安全适用和保证工程质量,制定本规程。

1.0.2 免拆复合保温模板(FS)适用于设防烈度 8 度和 8 度以下地区民用建筑的现浇混凝土工程。

1.0.3 免拆复合保温模板(FS)的设计、施工及验收,除应执行本规程外,尚应符合国家现行有关标准规定。

2 术　语

2.0.1　免拆复合保温模板(FS)　free removed formwork composed of composite thermal insulation board(FS)

由保温层、黏结层、加强肋、保温过渡层、内(外)侧敷面胶浆等在工厂预制的复合板,作为现浇混凝土构件免拆模板并使构件达到保温隔热要求。

2.0.2　免拆复合保温模板(FS)外墙保温系统　free-removed external formwork system of composite thermal insulation

免拆复合保温模板(FS)通过连接件在浇筑混凝土时与混凝土构件牢固连接在一起而形成的外墙保温系统。

2.0.3　保温层　thermal insulation layer

以 XPS 板作为保温材料的构造层。

2.0.4　加强肋　strengthening rib

以聚合物水泥砂浆填充纵横凹槽制成的增强肋,增强免拆复合保温模板(FS)的抗折强度和刚度。

2.0.5　保温过渡层　thermal insulating intermediate layer

以保温砂浆为主要材料制成的保温层,缓解保温板因环境变化产生的应变,防止抹面层开裂。

2.0.6　敷面胶浆　faced mortar

以水泥、石英砂和有机聚合物为主要材料制成,具有一定的抗变形能力和良好的黏结性能及防火性能,用于保护 XPS 板。

2.0.7　黏结层　bonding layer

以聚合物水泥砂浆为主要胶结材料,将保温层与保温过渡层黏结在一起。

2.0.8 连接件 adapting piece

连接免拆复合保温模板(FS)与现浇混凝土构件的专用连接件,通常情况下包括工程塑料或具有防腐性能的金属螺杆、螺母、塑料圆盘等几部分。

2.0.9 砌块自保温墙体 wall of thermal self – insulating block

采用砌块、保温砂浆现场砌筑的墙体,简称砌块自保温墙体。

2.0.10 耐碱玻纤网格布 anti-alkali glassfiber mesh

由表面涂覆耐碱防水材料的玻璃纤维制成的网格布。

3 基本规定

3.0.1 在建筑节能工程中,与室外接触或有节能要求的现浇混凝土构件外侧模板使用免拆复合保温模板(FS),填充墙宜采用砌块自保温墙体。

3.0.2 免拆复合保温模板(FS)应能适应基层的正常变形,在长期自重荷载、风荷载和气候变化的情况下,不应出现裂缝、空鼓、脱落等破坏现象,在规定的抗震设防烈度范围内不应从基层上脱落。

3.0.3 免拆复合保温模板(FS)应具有良好的防水性和透气性,各组成部分应具有物理-化学稳定性,所有组成材料应彼此相容。

3.0.4 免拆复合保温模板(FS)防火应符合《建筑设计防火规范》GB 50016 的要求。

3.0.5 免拆复合保温模板(FS)及模板支架应具有足够的承载能力、刚度和稳定性,能够承受浇筑混凝土的自重、侧压力和施工过程中所产生的荷载。

3.0.6 现浇混凝土构件外侧采用免拆复合保温模板(FS),内侧模板采用常规面板,支撑系统应符合《模板安全技术规范》JGJ 162 的要求。

3.0.7 免拆复合保温模板(FS)的保温层厚度、材料性能应符合有关标准要求。

4 材 料

4.1 免拆复合保温模板(FS)

4.1.1 免拆复合保温模板(FS)由保温层、黏结层、加强肋、保温过渡层、内(外)侧敷面胶浆等部分构成,具体构造示意图见图4.1.1。

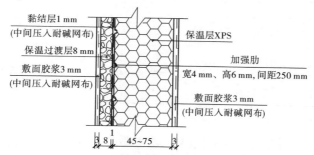

图4.1.1 免拆复合保温模板(FS)构造示意图 (单位:mm)

4.1.2 免拆复合保温模板(FS)主要规格尺寸见表4.1.2。

表4.1.2 免拆复合保温模板(FS)的规格尺寸 (单位:mm)

板类型	总厚度	宽度	长度	(XPS板)厚度
标准板	60、70、80、90	600、1 200	1 200、2 400、3 000	45、55、65、75
非标准板	按设计要求制作			

4.1.3 免拆复合保温模板(FS)的外观质量。

产品表面平整,无夹杂物,颜色均匀。不应有明显影响使用的可见缺陷,如缺棱、掉角、裂纹、变形等。

4.1.4 免拆复合保温模板(FS)的尺寸允许偏差应符合表4.1.4的规定。

表4.1.4 尺寸允许偏差 （单位:mm）

项目	允许偏差
长度	+3 0
宽度	+2 0
厚度	±1
对角线差	≤5
板侧面平直度	≤L/750
板面平整度	≤2

注:L为板长。

4.1.5 免拆复合保温模板(FS)及主要组成材料的性能指标应符合表4.1.5的规定。

4.2 免拆复合保温模板(FS)外墙保温系统性能要求

4.2.1 免拆复合保温模板(FS)应进行耐候性试验。经耐候性试验后,不得出现饰面层起泡或剥落、保护层空鼓或脱落等破坏,不得产生渗水裂缝。试验结束后,应检验拉伸黏结强度:敷面胶浆与保温层的拉伸黏结强度不得小于0.20 MPa;对饰面砖系统,饰面砖与砂浆找平层的拉伸黏结强度不得小于0.40 MPa。

4.2.2 免拆复合保温模板(FS)外墙保温系统其他性能指标应符合表4.2.2的规定。示意图见图4.2.2。

表 4.1.5　免拆复合保温模板(FS)的性能要求

试验项目		单位	性能指标	试验方法
免拆复合保温模板（FS）	面密度	kg/m²	≤30	JC 623
	抗冲击强度	—	≥10J 级	JGJ 144
	抗弯荷载	N	≥2 000	GB/T 19631
	拉伸黏结强度（与 XPS 板） 原强度	MPa	≥0.20	JGJ 144
	拉伸黏结强度（与 XPS 板） 耐水	MPa	≥0.15	JGJ 144
	拉伸黏结强度（与 XPS 板） 耐冻融	MPa	≥0.15	JGJ 144
XPS 板	密度	kg/m³	30～35	GB/T 10801.1
	压缩强度	MPa	≥0.2	GB/T 10801.2
	导热系数	W/(m·K)	≤0.030	GB/T 10294
	燃烧性能	—	不低于 B₂ 级	GB/T 10801.2
耐碱网布	耐碱拉伸断裂强力（经向、纬向）	N/50 mm	≥750	JG 149
	耐碱拉伸断裂强力保留率(经向、纬向)	%	≥50	JG 149
	断裂应变	%	≤5.0	JG 149

表 4.2.2　免拆复合保温模板(FS)外墙保温系统的性能要求

试验项目		单位	性能指标	试验方法
吸水量(水中浸泡 1 h)		g/m²	＜1 000	JGJ 144
抗冲击强度		—	≥10J 级	JGJ 144
耐冻融(D_{30})		—	表面无裂缝、空鼓、起泡、剥离现象	JG 149
水蒸气湿流密度	涂料饰面	g/(m²·h)	≥0.85	JG 149
	面砖饰面		—	
抹面层不透水性	涂料饰面	—	2 h 不透水	JGJ 144
	面砖饰面		—	
复合墙体热阻		m²·K/W	符合设计要求	JGJ 144

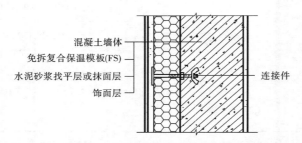

混凝土墙体
免拆复合保温模板(FS)
水泥砂浆找平层或抹面层
饰面层
连接件

图 4.2.2　免拆复合保温模板(FS)外墙保温系统示意图

4.3　配套材料性能要求

4.3.1　连接件应采用高强塑料锚栓或金属锚栓(不锈钢或经过表面防腐处理的金属制成),塑料圆盘直径不小于 30 mm,单个锚栓抗拉承载力标准值不小于 0.50 kN,锚固深度不小于 30 mm。

4.3.2 锚固件呈梅花状布置,进入混凝土基层的有效锚固深度应不小于 30 mm,每平方米锚固件个数不宜少于 5 个,单个锚栓抗拉承载力标准值不小于 0.60 kN。

4.3.3 黏结层聚合物水泥砂浆的性能指标应符合《膨胀聚苯板薄抹灰外墙外保温系统》JG 149 中胶粘剂的有关要求。

4.3.4 保温过渡层采用玻化微珠保温砂浆,性能指标应符合《建筑保温砂浆》GB/T 20473 中Ⅱ类保温砂浆的有关要求。

4.3.5 敷面胶浆主要性能应符合表 4.3.5 的规定。

表4.3.5 敷面胶浆性能要求

检测项目		单位	性能要求	试验方法
拉伸黏结强度	原强度	MPa	≥0.20	JGJ 144
	耐水	MPa	≥0.15	
	耐冻融	MPa	≥0.15	
透水性(24 h)		mL	≤2.5	
燃烧性能		—	A 级	GB 8624
可操作时间		h	1.5	JGJ/T 70

4.3.6 建筑密封胶应采用聚氨酯、硅酮、丙烯酸酯型建筑密封胶,其性能指标除应符合《聚氨酯建筑密封胶》JC/T 482、《建筑用硅酮结构密封胶》GB 16776 和《丙烯酸酯建筑密封胶》JC/T 484 的有关要求外,还应与系统有关材料相容。

4.3.7 涂料、面砖黏结砂浆、面砖勾缝料和饰面砖的性能指标应符合现行国家或行业标准要求。

5 设 计

5.1 一般规定

5.1.1 采用免拆复合保温模板(FS)外墙保温系统的建筑工程,节能设计和热工计算应符合《河南省居住建筑节能设计标准(寒冷地区)》DBJ 41/062、《河南省居住建筑节能设计标准(夏热冬冷地区)》DBJ 41/071 的规定和《河南省公共建筑节能设计标准实施细则》DBJ 41/075 的外保温系统热工性能设计。

1 保温层内表面温度应高于 0 ℃;

2 门窗框外侧洞口、女儿墙、封闭阳台及出挑构件等部位宜采用保温浆料处理;

3 采暖与非采暖空间的楼板保温宜采用免拆复合保温模板(FS)与混凝土现场浇筑的方式;

4 免拆复合保温模板(FS)的热阻值按 XPS 板厚度进行计算,砌块自保温墙体热阻按有关标准的规定进行取值。

5.1.2 免拆复合保温模板(FS)应做好密封和防水构造设计,重要部位应有详图。水平或倾斜的出挑部位及延伸至地面以下的部位应做防水处理。安装在外墙上的设备或管道应固定于基层墙体上,并应做密封和防水设计。

5.1.3 当现场浇筑混凝土时,免拆复合保温模板(FS)强度验算要考虑现浇混凝土作用于模板的侧压力。当浇筑速度为 1.0 m/h 时,支模次楞间距不应大于 300 mm;当浇筑速度为 2.0 m/h 时,支模次楞间距不应大于 200 mm。

5.1.4 免拆复合保温模板(FS)变形值为模板构件计算跨度的

1/400,且不大于 2 mm。

5.2 构造要求

5.2.1 围护结构中与免拆复合保温模板(FS)相配套的砌块自保温墙体设计应符合国家和河南省有关标准的规定。

5.2.2 免拆复合保温模板(FS)及特殊部位构造做法如图 5.2.2-1 ~ 图 5.2.2-9 所示。

1 外墙保温基本构造见图 5.2.2-1 ~ 图 5.2.2-4。

2 变形缝构造见图 5.2.2-5 ~ 图 5.2.2-6。

3 门窗洞口排板示意图,连接件布置示意图,分隔缝、分格缝示意图见图 5.2.2-7 ~ 图 5.2.2-9。

5.2.3 当建筑外墙有防水要求时,免拆复合保温模板(FS)还应符合《建筑外墙防水工程技术规程》JGJ/T 235 的要求。

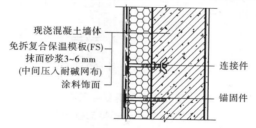

图 5.2.2-1 涂料饰面

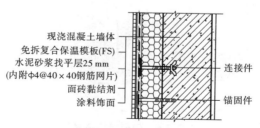

图 5.2.2-2 面砖饰面

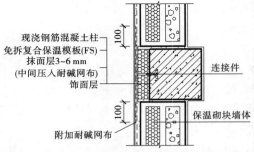

现浇钢筋混凝土柱
免拆复合保温模板(FS)
抹面层3~6 mm
(中间压入耐碱网布)
饰面层
连接件
保温砌块墙体
附加耐碱网布

图 5.2.2-3 涂料饰面免拆复合保温模板(FS)与砌块自保温墙体相接部位构造

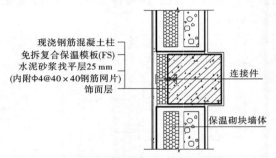

现浇钢筋混凝土柱
免拆复合保温模板(FS)
水泥砂浆找平层25 mm
(内附φ4@40×40钢筋网片)
饰面层
连接件
保温砌块墙体

图 5.2.2-4 面砖饰面免拆复合保温模板(FS)与砌块自保温墙体相接部位构造

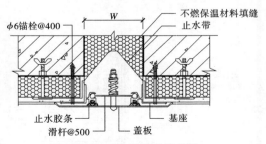

φ6锚栓@400
不燃保温材料填缝
止水带
止水胶条
滑杆@500
盖板
基座

图 5.2.2-5 变形缝构造做法一

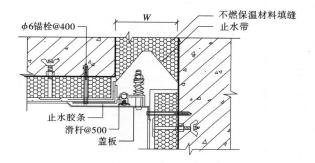

图 5.2.2-6 变形缝构造做法二

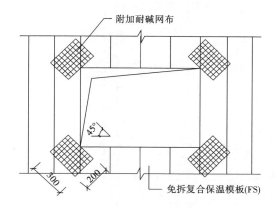

图 5.2.2-7 门窗洞口排板示意图

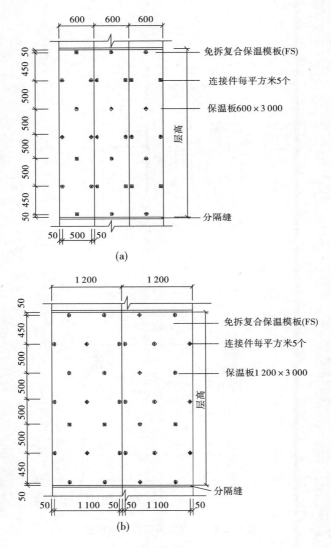

图 5.2.2-8　连接件布置示意图

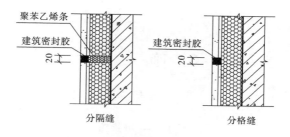

图 5.2.2-9　分隔缝、分格缝示意图

6 施 工

6.1 一般规定

6.1.1 免拆复合保温模板(FS)施工时,现场应建立相应的质量管理体系、施工质量控制和检验制度。

6.1.2 免拆复合保温模板(FS)施工应编制专项施工方案,并组织施工人员进行培训和技术交底。

6.1.3 免拆复合保温模板(FS)运输时应轻拿轻放,材料进入施工现场后,先进场验收,并按规定取样复验;各种材料应分类储存、平放码垛,对在露天存放的材料,应有防雨、防暴晒措施;在平整干燥的场地,最高不超过20层;存放过程中应采取防潮、防水等保护措施,储存期及条件应符合产品使用说明书的规定。

6.1.4 施工现场应按有关规定,采取可靠的防火安全措施,实现安全文明施工。

6.1.5 免拆复合保温模板(FS)完工后应做好成品保护。施工产生的墙体缺陷,如穿墙套管、孔洞等,应按照施工方案采取隔断热桥措施,不得影响墙体热工性能。

6.2 施工要点

6.2.1 免拆复合保温模板(FS)施工工艺流程:

免拆复合保温模板(FS)排板→弹线→裁割→安装连接件→绑扎钢筋及垫块→立免拆复合保温模板(FS)→立内侧模板→穿对拉螺栓→立模板木方次楞→立模板双钢管主楞→调整固定模板位置→浇筑混凝土→内模板及主、次楞拆除→砌筑砌块自保温墙体→拼缝及阴阳角处抗裂处理→找平层砂浆施工→饰面层施工。

6.2.2 免拆复合保温模板(FS)操作要点：

1 确定排板分格方案：根据外墙设计尺寸确定排板分格方案并绘制安装排板图，尽量使用主规格免拆复合保温模板(FS)。

2 弹线：免拆复合保温模板(FS)安装前应根据设计图纸和排板图复核尺寸，并设置安装控制线，弹出每块板的安装控制线。

3 免拆复合保温模板(FS)裁割：对于无法用主规格安装的部位，应事先在施工现场用切割锯切割为符合要求的非主规格尺寸，非主规格板最小宽度不宜小于 150 mm。

4 安装连接件：在施工现场用手枪钻在免拆复合保温模板(FS)预定位置穿孔，安装连接件，每平方米应不少于 5 个，安装孔距免拆复合保温模板(FS)应不少于 50 mm。门窗洞口处可增设连接件。

5 绑扎钢筋及垫块：外柱、墙、梁钢筋绑扎合格，经验收后在钢筋内外两侧绑扎水泥砂浆垫块(3~4 块/m^2)。

6 立免拆复合保温模板(FS)：根据设计排板图的分格方案安装免拆复合保温模板(FS)，并用绑扎钢丝将连接件与钢筋绑扎定位，先安装外墙阴阳角处板，后安装主墙板。

7 立内侧模板：根据混凝土施工验收规范和建筑模板安全技术规范的要求，采用传统做法，安装外墙内侧竹(木)胶合模板。

8 安装对拉螺栓：根据每层墙、柱、梁高度，按常规模板施工方法确定对拉螺栓间距，用手枪钻在免拆复合保温模板(FS)和内侧模板相应位置开孔，穿入对拉螺栓并初步调整螺栓。

9 混凝土浇筑：应用镀锌铁皮扣在免拆复合保温模板(FS)上口形成保护帽。

10 内模板、主次楞的拆除时间和要求应按照《混凝土结构工程施工质量验收规范》GB 50204 和《建筑施工模板安全技术规范》JGJ 162 的规定执行。

11 砌体自保温墙体施工应按照国家和河南省有关标准的规定施工,且砌块自保温墙体外侧应同免拆复合保温模板(FS)外侧在同一垂直立面上。

7 验 收

7.1 一般规定

7.1.1 免拆复合保温模板(FS)工程应同主体结构一同验收,施工过程中应及时进行质量检查、隐蔽工程验收和检验批验收。

7.1.2 免拆复合保温模板(FS)验收时应提供该产品的型式检验报告。

7.1.3 免拆复合保温模板(FS)应对下列部位或内容进行隐蔽工程验收,并应有详细的文字记录和必要的图像资料:

    1 免拆复合保温模板(FS)连接件数量及锚固位置;

    2 免拆复合保温模板(FS)拼缝、阴阳角、门窗洞口及不同材料间交接处等特殊部位防止开裂和破坏的加强措施;

    3 女儿墙、封闭阳台及出挑构件等墙体特殊热桥部位处理;

    4 免拆复合保温模板(FS)保温层厚度。

7.1.4 免拆复合保温模板(FS)工程检验批的划分应符合下列规定:

    1 每 500 ~ 1 000 m² 划分为一个检验批,不足 500 m² 也为一个检验批;

    2 检验批的划分也可根据方便施工与验收的原则,由施工单位与监理(建设)单位共同商定。

7.1.5 免拆复合保温模板(FS)工程检验批质量验收合格,应符合下列规定:

    1 检验批应按主控项目和一般项目验收;

2 主控项目应全部合格；

3 一般项目应合格，当采用计数检验时，至少应有 90% 以上的检查点合格，且其余检查点不得有严重缺陷；

4 应具有完整的施工操作依据和质量检查记录。

7.1.6 建筑节能分项工程质量判定：

1 分项工程所含的检验批均应合格；

2 分项工程所含检验批的质量验收记录应完整。

7.2 主控项目

7.2.1 免拆复合保温模板（FS）、砌块自保温墙体专用抹面砂浆等配套材料的品种、规格和性能应符合设计要求与本规程的规定。

检验方法：观察、尺量检查，核查质量证明文件。

检查数量：按进场批次，每批随机抽取 3 个试样进行检查；质量证明文件应按照其出厂检验批进行核查。

7.2.2 免拆复合保温模板（FS）进场时应对其下列性能进行复验，复验应为见证取样送检。

1 XPS 板的密度、导热系数、压缩强度；

2 免拆复合保温模板（FS）抗冲击强度、抗弯载荷。

检验方法：随机抽样送检，核查复验报告。

检查数量：同一厂家同一品种的产品，当单位工程建筑使用免拆复合保温模板（FS）面积在 6 000 m² 以下时，各抽查不少于 1 次；当单位工程建筑使用面积在 6 000~12 000 m² 时，各抽查不少于 2 次；当单位工程建筑使用面积在 12 000~20 000 m² 时，各抽查不少于 3 次；当单位工程建筑使用面积在 20 000 m² 以上时，各抽查不少于 6 次。

7.2.3 免拆复合保温模板（FS）的安装应位置正确、接缝严密，板在浇筑混凝土过程中不得移位、变形。

7.2.4 当热桥部位采用保温浆料做保温层时,应在施工中制作同条件养护试件,检测其导热系数、干密度和压缩强度。保温浆料的同条件养护试件应见证取样送检。

检验方法:核查试验报告。

检查数量:每个检验批应抽样制作养护试块不少于3组。

7.2.5 免拆复合保温模板(FS)保温系统抹面层及饰面层施工,应符合设计和《建筑装饰装修工程质量验收规范》GB 50210 的要求。

检验方法:观察检查,核查试验报告和隐蔽工程验收记录。

检查数量:全数检查。

7.3 一般项目

7.3.1 免拆复合保温模板(FS)外观和包装应完整无破损,符合设计要求和产品标准的规定。

检验方法:观察检查。

检查数量:全数检查。

7.3.2 施工产生的墙体缺陷,如穿墙套管、脚手眼、孔洞等,应按照施工方案采取隔断热桥措施,不得影响墙体热工性能。

检验方法:对照施工方案观察检查。

检查数量:全数检查。

7.3.3 免拆复合保温模板(FS)的拼缝、阴阳角、门窗洞口及不同材料基体的交接处等特殊部位,应采取防止开裂和破损的加强措施。

检验方法:观察检查,核查隐蔽工程验收记录。

检查数量:按不同部位,每类抽查10%,并不少于5处。

7.3.4 免拆复合保温模板(FS)安装允许偏差见表7.3.4。

表 7.3.4　免拆复合保温模板(FS)安装允许偏差

项目	允许偏差(mm)	检查方法
轴线尺寸	5	钢卷尺检查
柱、墙、梁截面尺寸	4，-5	钢卷尺检查
层高垂直度	6	经纬仪或线坠检查
表面平整度	5	2 m 靠尺和塞尺检查
阳角垂直度	3	2 m 靠尺、线坠检查
相邻两表面高低差	2	钢卷尺检查

7.4　验　　收

7.4.1　免拆复合保温模板(FS)质量验收合格,应符合《建筑工程施工质量验收统一标准》GB 50300、《建筑节能工程施工质量验收规范》GB 50411 和《外墙外保温工程技术规程》JG 144 的规定:

　　1　主控项目应全部合格。

　　2　一般项目应合格;当采用计数检验时,至少应有 90% 以上的检查点合格,且其余检查点不得有严重缺陷。

　　3　分项工程质量控制资料应完整。

7.4.2　免拆复合保温模板(FS)竣工验收应提供下列文件、资料:

　　1　设计文件、图纸会审记录、设计变更和洽商记录。

　　2　有效期内免拆复合保温模板(FS)的型式检验报告。

　　3　主要组成材料的产品合格证、出厂检验报告、进场复验报告和进场核查记录。

　　4　施工技术方案、施工技术交底。

　　5　隐蔽工程验收记录和相关图像资料。

　　6　其他对工程质量有影响的重要技术资料。

本规程用词说明

1 为了便于在执行本规程条文时区别对待,对要求严格程度不同的用词说明如下:

(1)表示很严格,非这样做不可的用词:

正面词采用"必须",反面词采用"严禁"。

(2)表示严格,在正常情况下均应这样做的用词:

正面词采用"应",反面词采用"不应"或"不得"。

(3)表示允许有选择,在条件许可时首先应这样做的用词:

正面词采用"宜",反面词采用"不宜"。

(4)表示有选择,在一定条件下可以这样做的,采用"可"。

2 本规程中指定应按其他标准、规范执行时,采用"应按……执行"或"应符合……的要求或规定"。

引用标准名录

1 《建筑工程施工质量验收统一标准》GB 50300
2 《混凝土结构工程施工质量验收规范》GB 50204
3 《绝热用模塑聚苯乙烯泡沫塑料》GB/T 10801.1
4 《绝热用挤塑聚苯乙烯泡沫塑料(XPS)》GB/T 10801.2
5 《外墙外保温工程技术规程》JGJ 144
6 《建筑工程饰面砖粘结强度检验标准》JGJ 110
7 《建筑施工模板安全技术规范》JGJ 162
8 《膨胀聚苯板薄抹灰外墙外保温系统》JG 149
9 《外墙外保温系统用钢丝网架模塑聚苯乙烯板》GB 26540
10 《河南省公共建筑节能设计标准实施细则》DBJ 41/075
11 《河南省居住建筑节能设计标准(寒冷地区)》DBJ 41/062
12 《河南省居住建筑节能设计标准(夏热冬冷地区)》DBJ 41/071
13 《自保温加气混凝土砌块墙体技术规程》DBJ 41/T 100

河南省工程建设标准

免拆复合保温模板(FS)应用技术规程

DBJ41/T146—2015

条 文 说 明

目　　次

1 总 则

1.0.1 免拆复合保温模板(FS)是一种新型建筑节能与结构一体化技术体系,具有保温防火性能好、质量安全可靠、设计施工简便、与建筑物同寿命等特点,推广应用具有较好的经济效益和社会效益。该系统及其免拆复合保温模板(FS)现已获得多项国家专利,生产企业须获得授权方可使用。

1.0.2 本规程适用于现浇混凝土工程。基于安全性和经济性考虑,对高层剪力墙结构使用该体系时,应进行专项设计,并采取加强措施。

2 术 语

2.0.1 免拆复合保温模板(FS)采用多层结构设计和工厂化预制生产,具有较高的强度和良好的保温、防火性能,满足现行建筑节能设计标准要求和混凝土模板的使用要求。在复合保温外模板中创新性地设置了保温过渡层,缓解了保温模板因环境变化产生的应变,避免了抹面层空鼓、开裂等质量通病问题。

2.0.10 保温系统使用的网格布必须为耐碱玻纤网格布,用途主要有两种:

1 铺设于免拆复合保温模板(FS)内部,用于增强保温外模板的抗冲击强度和抗弯荷载;

2 铺设于免拆复合保温模板(FS)拼接处及免拆复合保温模板(FS)与砌块自保温墙体相交等部位,防止特殊部位的开裂问题。

3 基本规定

3.0.1 现浇混凝土构件按照现行《混凝土结构设计规范》GB 50010、《建筑抗震设计规范》GB 50011 和《高层建筑混凝土结构技术规程》JGJ 3 等有关规定进行设计。围护结构填充墙应采用砌块自保温墙体,主要包括发泡混凝土保温砌块、混凝土复合保温砌块、烧结制品复合保温砌块等;室内分隔墙设计选用加气混凝土砌块、轻集料混凝土空心砌块、轻质条板等非承重新型墙体材料。

3.0.2 当主体结构由于各种应力产生正常位移等变形时,免拆复合保温模板(FS)不应形成裂缝、脱胶或从基层墙体脱落。风荷载作用包括压力、吸力和振动。当需计算免拆复合保温模板(FS)的风荷载时,应按《建筑结构荷载规范》GB 50009 的有关规定执行。气候变化主要指温差、日晒雨淋、冻融等。免拆复合保温模板(FS)与基层应有可靠连接,避免地震时脱落伤人。

3.0.3 水会对免拆复合保温模板(FS)的保温系统产生多种破坏,如保温性能降低、冻融破坏、材料起泡、水与空气中的酸性气体反应变为酸而对系统产生的损坏等,因此免拆复合保温模板(FS)的保温系统应防止雨、雪浸入,防止内表面和隙间结露。系统应有利于气态水排出,系统中的水分主要是基层墙体中的水分、系统施工时材料中的水分、系统渗漏浸入及冷凝水等。如果系统透气性不好,水汽扩散受阻,可造成多种不利影响,如破坏复合保温板的黏结强度等。所有部件都应表现出物理 - 化学稳定性。在相互接触的材料之间出现反应的情况下,这些反应应该是缓慢进行的。

所有材料应是天然耐腐蚀或者是被处理成耐腐蚀的。金属连接件应进行镀锌或涂防锈漆等防锈处理。

3.0.4 免拆复合保温模板(FS)两个主侧面采用聚合物砂浆包裹作为防火构造措施,可有效避免运输、储存和施工过程中火灾现象的发生,外侧抹厚 20 mm 以上的专用砂浆抹面层,使得保温层外侧保护层厚度达 30 mm 以上。

近期,吉林省、陕西省发布实施的《民用建筑外保温工程防火技术规程》DB22/T 496、《外墙外保温技术规程》DBJ/T 61—55 等标准规程对防火都做了明确要求,对无空腔的现浇混凝土保温系统,保温板外侧保护层厚度≥28 mm 时,无需设置防火隔离带。

免拆复合保温模板(FS)属无空腔的现浇混凝土保温系统,也可不设置防火隔离带。

3.0.5 免拆复合保温模板(FS)的模板支架应按照现行《建筑施工模板安全技术规范》JGJ 162 和目前建筑业习惯做法进行模板支架设计,具有足够的承载能力、刚度和稳定性,应能承受浇筑混凝土的自重、侧压力和施工过程中所产生的荷载。

3.0.6 免拆复合保温模板(FS)外墙保温系统的现浇混凝土墙体的外侧模板采用免拆复合保温模板(FS),内侧模板采用目前建筑业常规模板支设工具和材料如传统竹(木)胶合模板系统,木方次楞和双钢管主楞和对拉螺栓固定。

4 材 料

4.1 免拆复合保温模板(FS)

4.1.2 免拆复合保温模板(FS)裁割方便,可根据建筑工程实际需要任意裁割,也可根据工程设计要求工厂化生产。

免拆复合保温模板(FS)保温层的厚度根据建筑节能设计和热工设计选取,黏结层、保温过渡层、内外侧敷面胶浆的总厚度为15 mm。

4.1.5 免拆复合保温模板(FS)的性能要求针对其模板使用功能设置了抗冲击强度和抗弯荷载两项技术指标。

免拆复合保温模板(FS)选取挤塑聚苯板作为保温层材料,因为 XPS 板具有较好的压缩强度和尺寸稳定性,在现浇混凝土施工过程中变形较小。燃烧性能级别为 E 级,是根据国家颁布实施的《建筑材料及制品燃烧性能分级》GB 8624 确定的,相当于原标准的 B2 级。

免拆复合保温模板(FS)属于典型的夹层结构形式,各项力学指标受到夹层材料及界面黏结性能的影响较大,夹层材料中 XPS 保温板是相对薄弱层,敷面胶浆层与 XPS 保温板界面黏结性能对免拆复合保温模板(FS)抗拉强度影响最大。本规范要求满足《外墙外保温工程技术规程》JGJ 144 中保温模板拉伸黏结强度(与保温层)≥0.20 MPa 的规定。

免拆复合保温模板(FS)砂浆层具有良好的抗压性能,玻纤网有效地提高了砂浆层的抗拉性能。因此,免拆复合保温模板(FS)具有良好的抗弯性能,抗弯试验荷载 P 值随着板厚度的增加而增大。根据免拆复合保温模板(FS)名义抗弯强度计算公式,当薄砂浆层受拉时,荷载 P 的均值为 3.60 kN;当厚砂浆层受拉时,荷载 P 的均值为 4.06 kN。免拆复合保温模板(FS)名义抗弯强度均值为 2.01 MPa(薄砂浆层受拉时)、2.22 MPa(厚砂浆层受拉时)。

　　免拆复合保温模板(FS)压缩强度主要与 XPS 板的性能相关,压缩强度随着厚度的增加而略有降低,根据试验,平均值为 0.3 MPa 左右。免拆复合保温模板(FS)压缩弹模值范围在 8 ~ 12 MPa。

4.2　免拆复合保温模板(FS)外墙保温系统性能要求

4.2.1　耐候性试验模拟夏季墙面经高温日晒后突降暴雨和冬季昼夜温度的反复作用,是对大尺寸的外保温墙体进行的加速气候老化试验,是检验和评价免拆复合保温模板(FS)重要的试验项目之一。

4.2.2　保温系统其他性能指标要求主要与抹面层和免拆复合保温模板(FS)的性能有关。抹面层厚度及材料性能、免拆复合保温模板(FS)的性能都会直接影响系统抗冲击强度、透水性、吸水量及耐冻融等。免拆复合保温模板(FS)保温层厚度决定了复合墙体的热工性能。

5 设　　计

5.1　一般规定

5.1.1　免拆复合保温模板(FS)外墙保温系统建筑工程的节能设计和热工计算应符合现行《河南省居住建筑节能设计标准(寒冷地区)》DBJ 41/062、《河南省居住建筑节能设计标准(夏热冬冷地区)》DBJ 41/071 的规定和《河南省公共建筑节能设计标准实施细则》DBJ 41/075 的规定。上述三项节能设计标准如重新修订,就应按照修订后的标准设计。

　　1　要求基层外表面温度高于 0 ℃,目的是保证基层和胶粘剂不受冻融破坏。

　　2　用三维温度场分析程序(STDA)计算表明,门窗框外侧洞口不做保温与做保温相比,保温墙体平均传热系数增加最多,可达 70% 以上。空调器托板、女儿墙及阳台等热桥部位的传热损失也是相当大的,因此这些热桥部位宜用保温浆料类做外保温。

　　3　采暖与非采暖空间的楼板保温宜采用免拆复合保温模板(FS)与楼板混凝土现场浇筑的方式进行保温,但是现场混凝土浇筑时施工均布活荷载不应超过 2.5 kN/m^2。

　　4　免拆复合保温模板(FS)的传热系数按 XPS 板厚度计算确定,内外黏结增强层和保温过渡层作为保温储备,不参与热工计算;砌块自保温墙体热阻按有关标准规定或实测值进行取值计算。

5.1.2　密封和防水构造设计包括变形缝的设置、变形缝的构造设计及系统的起端和终端的包边等。

　　系统构造做法是针对竖直墙面和不受雨淋的水平或倾斜的表

面的。对于水平或倾斜的出挑部位,表面应增设防水层。水平或倾斜的出挑部位包括窗台、女儿墙、阳台、雨篷等,这些部位有可能出现积水、积雪情况。

5.1.3 现浇混凝土作用于模板的侧压力计算公式是根据《混凝土结构工程施工质量验收规范》GB 50204 及《建筑施工模板安全技术规范》JGJ 162 等技术规范的规定。试验结果表明,支模次楞间距为 200~300 mm 时能够满足刚度变形要求,而间距超过 400 mm(含 400 mm)时,难以满足刚度变形要求。因此,建议施工过程中,外模板外侧采用 40 mm×70 mm 及以上木方,当浇筑速度为 1.0 m/h,支模次楞间距不应大于 300 mm,当浇筑速度为 2.0 m/h,支模次楞间距不应大于 200 mm。

5.1.4 该条根据《建筑施工模板安全技术规范》JGJ 162 中 4.4 节关于变形值的规定确定。

5.2 构造要求

5.2.1 砌块自保温墙体设计按照相应河南省技术规程的规定。砌块自保温墙体外侧应同免拆复合保温模板(FS)外侧在同一垂直立面上,其外侧不再做外保温处理,只做找平层和饰面层。

6 施 工

6.1 一般规定

6.1.1 该条规定同《建筑工程施工质量验收统一标准》GB 50300、《建筑节能工程施工质量验收规范》GB 50411 一致。

6.1.2 免拆复合保温模板(FS)是一种新型的建筑节能与结构一体化技术,应在施工前对相关人员进行技术交底和必要的实际操作培训,技术交底和培训均应留有记录。

6.1.3 该条对免拆复合保温模板(FS)的运输、储存提出基本要求。

6.1.5 施工单位在墙体施工前,应专门制定消除外墙热桥的措施,并在技术交底中加以明确。施工中应对施工产生的墙体缺陷,如穿墙套管、脚手眼、孔洞等随时填塞密实,并按照施工方案采取隔断热桥措施进行处理,这种处理应列为隐蔽工程验收并加以记录。

6.2 施工要点

6.2.1 该条是根据当前建筑业混凝土梁、柱、墙通常的现浇做法,结合免拆复合保温模板(FS)的特点确定的施工工序。

6.2.2 本条详细介绍支模、浇筑混凝土、拆模和砌筑填充墙、抹灰层及饰面层施工做法。由于外模板以免拆复合保温模板(FS)代替了目前常用的竹(木)胶合模板,刚度有所增加,因此按照通常的施工方法设置木方次楞和钢管主楞,强度和刚度是有保证的。待混凝土达到规定龄期后,拆除内模板及主、次楞,免拆复合保温模板(FS)将永久固定在混凝土构件上。

7 验　　收

7.1　一般规定

7.1.1　由于免拆复合保温模板(FS)与主体结构同时施工,因此无法分别验收,只能与主体结构一同验收。验收时,结构部分应符合相应的《混凝土结构工程施工质量验收规范》GB 50204、《高层建筑混凝土结构技术规程》JGJ 3 要求,而免拆复合保温模板(FS)工程部分应符合《建筑节能工程施工质量验收规范》GB 50411 及本规程的有关要求。

7.1.3　本条列出墙体节能工程通常应该进行隐蔽工程验收的具体部位和内容,以规范隐蔽工程验收。当施工中出现本条未列出的内容时,应在施工组织设计、施工方案中对隐蔽工程验收内容加以补充。

7.1.4　本条规定的检验批的划分与现行国家标准《建筑节能工程施工质量验收规范》GB 50411、《建筑装饰装修工程质量验收规范》GB 50210 保持一致。

　　应注意检验批的划分并非是唯一或绝对的。当遇到较为特殊的情况时,检验批的划分也可根据方便施工与验收的原则,由施工单位与监理(建设)单位共同商定。

7.1.5　本条给出分项工程验收合格的条件。本条规定与《建筑工程施工质量验收统一标准》GB 50300、《建筑节能工程施工质量验收规范》GB 50411 和各专业工程施工质量验收规范保持一致。当分项工程划分为检验批进行验收时,应遵守这些规定。

7.2   主控项目

7.2.1   免拆复合保温模板（FS）使用的材料的品种、规格等应符合设计要求，不能随意改变和替代。在材料进场时，通过目视和尺量、称重等方法检查，并对其质量证明文件进行核查确认。检查数量为每种材料按进场批次每批次随机抽取 3 个试样。当能够证实多次进场的同种材料属于同一生产批次时，可按该材料的出厂检验批次和抽样数量进行检查。如果发现问题，应扩大抽查数量，最终确定该批材料是否符合设计要求。

7.2.2   本条列出了免拆复合保温模板（FS）进场复验的具体项目。性能指标要求和试验方法应符合本规程 4.1.5 条的规定。根据《建筑节能工程施工质量验收规范》GB 50411 的要求，当单位工程使用面积小于 20 000 m^2 时，应抽查 3 次。考虑到免拆复合保温模板（FS）在外围护结构中所占面积较小，参照上海市《住宅建筑节能工程施工质量验收规程（附条文说明）》DGJ 08 – 113，对免拆复合保温模板（FS）抽检数量和批次进行了细化规定。

7.2.3   本条要求施工单位安装免拆复合保温模板（FS）时应做到位置正确、接缝严密，在浇筑混凝土过程中应采取措施并设专人照看，以保证免拆复合保温模板（FS）不移位、不变形、不损坏。

7.2.4   外墙热桥部位采用保温浆料做法时，由于施工现场的条件所限，保温浆料的配制与施工质量不易控制。为了检验浆料保温层的实际保温效果，本条规定应在施工中制作同条件养护试件，以检测其导热系数、干密度和压缩强度等参数。

7.3   一般项目

7.3.2   本条所指出的部位在施工中容易被忽视，而且在各工序交叉施工中容易被多次损坏，因此要重视这些部位，按设计要求或施工方案采取隔断热桥和保温密封措施。

7.3.4 免拆复合保温模板（FS）安装验收按照现行《混凝土结构工程施工质量验收规范》GB 50204 中对施工模板的质量要求确定。